KB142679

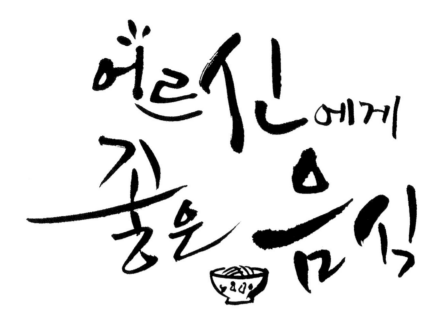

어르신에게 좋은 음식

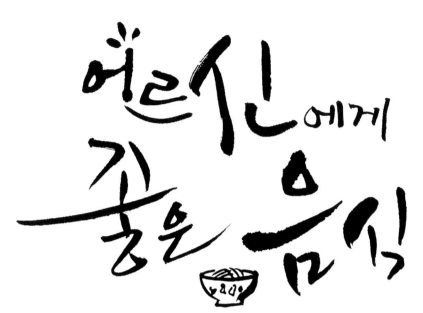

어르신에게 좋은 음식

농촌진흥청 가공이용과 엮음

21세기사

발간사 ☺

농촌진흥청에서는 전통향토음식의 계승·발전을 위하여 전국 9개도 전통 향토음식을 모아놓은 「한국의 전통향토음식」 전 10권을 집대성하였고, 우리 식탁에서 향토음식의 쓰임새를 늘리기 위하여 「한국의 전통향토음식」 중 생활에서 쉽게 이용 가능한 음식을 중심으로 실용조리서 시리즈를 발간하고 있습니다. 이번에는 「산·들·바다 음식」, 「손님 초대 음식」, 「몸에 좋은 음식」, 「단체급식에 좋은 음식」에 이은 다섯번째로 「어르신에게 좋은 음식」을 선보이게 되었습니다.

이 책에서는 실버 세대에게 권장되고 있는 잡곡, 콩류, 어패류, 녹황색 채소류, 견과류 위주의 재료로 만들수 있는 전통향토음식 레시피를 소개하고 있습니다. 질긴 음식, 난소화성, 염분, 동물성 지방이 높은 음식, 희귀한 식재료는 가급적 제외시켰으며, 실제 음식을 조리하여 관능평가가 우수했던 음식 위주로 책에 실었습니다.

어르신 세대에게 추천할 만할 음식으로 각 가정 또는 어르신이 계신 어느곳에서나 환영받을 수 있는 자료가 되기를 바랍니다.

CONTENTS

주식류

마밥

경상북도

마는 성질이 따뜻하고 독이 없으며 맛이 달다. 마는 먹어도 체하지 않기 때문에 소화기능이
떨어진 사람의 소화력을 보강하고 음식을 먹고 나서 속이 더부룩한 사람이나 트림을 자주
하는 사람 또는 위의 운동 기능이 약해서 답답함을 느끼는 사람에게 좋다.

들어가는 재료

4인분량
쌀 360g(2컵), 마 200g, 물 470mL(2 1/3컵)
[촛물] 식초 2큰술, 물 400mL(2컵)
[양념장] 간장 3큰술, 고춧가루 1작은술, 다진 붉은고추 1작은술, 다진 풋고추
1작은술, 참기름 1/2큰술, 깨소금 1/2큰술

1인분량
쌀 90g(1/2컵), 마 50g, 물 117mL
[촛물] 식초 1/2큰술, 물 100mL(1/2컵)
[양념장] 간장 2/3큰술, 고춧가루 1/4작은술, 다진 붉은고추 1/4작은술,
다진 풋고추 약간, 참기름 약간, 깨소금 약간

만드는 방법

1 마는 껍질을 벗겨 깍둑썰기하여 1시간 정도 촛물에 담근 후 물기를 뺀다.

2 쌀은 깨끗이 씻어 30분 정도 물에 불린다.

3 솥에 **1**, **2**와 물을 넣어 밥을 짓다가 밥이 끓으면 중불로 줄이고 쌀알이
퍼지면 불을 약하게 하여 뜸을 들인 후 잘 섞는다.

4 **3**의 밥을 고루 섞어 담고 양념장을 곁들인다.

깨알정보

▶ 참마를 강판에 갈면 곧 거무스름하게 변하는데 이것은 참마에 들어 있는 폴리페놀이
강력한 폴리페놀라아제에 의해서 산화하기 때문이다. 마의 끈적끈적한 물질인 뮤신은
당단백질로 만난과 글로불린 단백질이 결합한 것이다. 이는 위벽보호, 소화성 궤양을
예방할 수 있고, 인슐린 분비를 촉진시켜 줌으로써 당뇨병을 예방 치료하는데 도움을
준다. 또한 신장 기능을 튼튼하게 하는 작용이 강해 자양강장 및 원기회복에 효과가 있다.

▶ 껍질 벗긴 마를 쟁반에 펼쳐 냉장고에 넣어 두면 겉면이 마르게 된다. 이것을 밀폐
용기에 담아 냉장보관하면 색깔이 변색되지 않게 좀 더 오랫동안 저장이 가능하다.

버섯밥 (경상남도)

송이버섯·데친 느타리버섯·불린 표고버섯을 넣어 만든 밥으로, 주로 경상남도에서
먹는다. 송이버섯은 암 발생을 억제하는 효과가 있으며, 표고버섯은 비타민D가 많다.
또한 콜레스테롤 배출 효과도 지니고 있다.

들어가는 재료

4인분량
쌀 430g(2컵), 건표고버섯 12g(5개), 송이버섯 70g, 느타리버섯 120g(8개),
애호박 130g(1/3개), 물 560g, 찹쌀 130g, 참기름 1.2g, 소금 0.8g
[양념장] 간장 40g, 고춧가루 0.8g, 다진 파 12g, 식초 0.8g, 깨소금 8g,
물 8g, 설탕 2g

1인분량
쌀 107g, 건표고버섯 3g, 송이버섯 17g, 느타리버섯 30g, 애호박 30g,
물 140g, 찹쌀 32g, 참기름 0.3g, 소금 0.2g
[양념장] 간장 10g, 고춧가루 0.2g, 다진 파 4g, 식초 0.2g, 깨소금 2g,
물 2g, 설탕 0.5g

만드는 방법

1 쌀은 깨끗이 씻어 30분 정도 불린다.

2 송이버섯은 5×0.3×0.3cm 크기로 썰고, 느타리버섯은 한 가닥씩 찢는다.

3 건표고버섯은 물에 불려서 4등분하여 끓는 물에 데치고, 애호박은 굵게 채
썬다(5×0.3×0.3cm).

4 솥에 불린 쌀을 넣고 그 위에 느타리버섯, 표고버섯, 송이버섯 3/4, 호박을
얹은 다음 물을 부어 밥을 짓는다. 송이버섯 1/4은 팬에 참기름을 두르고
볶다가 소금 간을 한다.

5 밥이 다 됐으면 따로 볶은 송이버섯을 섞은 후 양념장을 만들어 함께
곁들인다.

보리고구마밥

전라남도

삶은 보리, 굵게 채 썬 고구마와 쌀을 솥에 넣어 지은 밥이다.
전남 지역에서 주로 해먹는데 고구마는 소화에 도움을 주는 음식으로 보리고구마밥을
먹으면 위장 보호와 변비 해소에 좋다.

들어가는 재료

4인분량
보리쌀 100g, 고구마 250g, 물 300g, 쌀 180g

1인분량
보리쌀 25g, 고구마 63g, 물 75g, 쌀 45g

만드는 방법

1 보리를 깨끗이 씻어 1시간 이상 물에 불린 다음 솥에 안치고 물을 충분히
부어 푹 삶는다.

2 고구마는 껍질을 벗겨 굵게 썰어 놓는다(2×2×1cm).

3 밥솥에 삶은 보리, 쌀을 넣고 고루 섞은 다음 위에 고구마를 얹어 밥을
짓는다.

양주밤밥

경기도

양주밤은 임금의 진상품이었을 정도로 견고하고 강한 단맛을 자랑했다. 또한 오래 저장해도 썩지 않아 보관에도 용이했다. 양주밤의 원산지인 귀루리의 뜻이 '귀한 밤' 이라는 것만 봐도 양주에서 '밤' 이 차지하는 위치를 가늠할 수 있다.

들어가는 재료

4인분량
쌀 345g, 찹쌀 70g, 은행 40g, 밤 280g, 물 450g

1인분량
쌀 86g, 찹쌀 18g, 은행 10g, 밤 70g, 물 113g

만드는 방법

1 멥쌀과 찹쌀을 깨끗이 씻어서 30분 정도 소쿠리에 건져 놓는다.

2 밤은 하루 정도 미지근한 물에 충분히 불려 껍질을 벗기고 큰 것은 2등분한다.

3 껍질 벗긴 은행은 달군 팬에 기름을 약간 둘러 살짝 볶은 후 마른 수건이나 깨끗한 면보로 살살 비벼 속껍질은 벗긴다.

4 밥솥에 불린 쌀을 넣고 그 위에 밤과 은행을 얹어 물을 부어 밥을 짓는다.

깨알정보

▶ 고려원년 서긍(徐兢)이란 중국 사신이 고려에서의 견문을 저술한 내용을 보면 '양주밤은 맛이 복숭아에 비교될 정도로 단맛이 많아 이 밤과 은행을 함께 넣고 밥을 해먹으면 맛이 좋았다'고 한다. 양주밤밥은 양주밤의 독특한 감미와 함께 은행의 독특한 맛이 함께 어울린 영양이 좋은 밥이다. 조선조 양주밤이 해마다 궁중에 진상되어 양주 토산품을 대표하였고 가정에서 밤밥을 많이 해먹었다고 한다.

▶ 대표적인 재래종 밤의 산지인 한수 이북 지방이고 그 중에서도 양주가 대표적인 산지(백석면)이고, 양주의 밤은 나무가 커서 과실이 굵고 많이 열리며 속껍질이 잘 벗겨지지 않고 맛이 좋아 밥에 넣고 지으면 밥맛도 좋다.

잡곡밥

제주도 전라남도

잡곡밥은 백미밥보다 섬유질, 칼륨, 비타민과 단백질이 풍부하여 우리 몸에 종합영양제와
같은 역할을 한다. 곡물은 우리 신체에 혈액을 조성하고 뼈를 자라게 하며 호르몬과 각종
소화액을 만들고 대사활동을 주관하는 필요 물질이다.

들어가는 재료

4인분량
보리쌀 600g(4컵), 차조 100g(2/3컵), 팥 100g(1/2컵), 물 1L(5컵)

1인분량
보리쌀 150g, 차조 25g, 팥 25g, 물 250mL

만드는 방법

1 보리쌀과 차조, 팥은 각각 깨끗하게 씻어 물에 불린다.

2 솥에 보리쌀과 팥을 먼저 넣어 물을 붓고 센 불에서 끓인다.

3 **2**가 바글바글 끓어오르면 잠시 불을 끄고 중단했다가 차조를 얹어 다시
약한 불에서 밥을 짓는다.

깨알 정보

▶ 잡곡밥과 함께 콩잎쌈이나 자리젓을 곁들인다.
▶ 고구마(감저)나 감자(지실)를 넣어 짓기도 한다.

찰밥

전라북도 전라남도

찹쌀은 끈기가 있어 인절미처럼 늘어지는 성미가 있기에 찰진 밥을 좋아하는 사람은 즐겨
먹지만 찹쌀 한가지로 밥을 지어먹기 보단 여러 가지 곡식을 섞어 먹는게 일반적이다.
찰밥은 소화가 잘되기 때문에 위장이 약한 사람들에게 좋다.

들어가는 재료

4인분량

찹쌀 500g(3컵), 밥 짓는 물 650mL(3 1/4컵), 땅콩 1큰술, 은행 25g(12알),
밤 110g(6개), 잣 1작은술, 소금 1작은술, 설탕 1작은술, 참기름 1작은술

1인분량

찹쌀 110g, 밥 짓는 물 163mL, 땅콩 3g, 은행 6g, 밤 28g, 잣 1g, 소금 1g,
설탕 1g, 참기름 0.3g

만드는 방법

1 찹쌀은 물에 불려 둔다.

2 땅콩을 불려서 껍질을 까 놓고 은행은 끓는 물에 소금을 넣고 삶아서
껍질을 깐다.

3 밤과 잣은 껍질을 제거하고 알맹이만 준비해 둔다.

4 불린 찹쌀, 땅콩, 은행, 밤, 잣을 소금, 설탕, 참기름과 잘 섞어서 찜통에
찐다.

깨알정보

▶ 찰밥을 지을 때 찜통의 중간칸에서 찐 찰밥을 주걱으로 뒤적이면서 소금물을
뿌리면 윤기가 나는 찰밥이 된다.

▶ 대보름날의 절식(節食)으로는 햇찹쌀을 찌고, 밤, 대추, 꿀, 기름, 간장 등을 섞어서
함께 찐 후 잣을 박은 약반(藥飯)을 준비한다. 조선 후기에 간행된 『동국세시기』
정월 조에 의하면 '신라소지왕(炤智王) 10년 정월 15일 왕이 천천정(天泉停)에
행차했을 때 날아온 까마귀가 왕을 깨닫게 하여, 우리 풍속에 보름날 까마귀를
위하여 제사하는 날로 정하여 찹쌀밥을 지어 까마귀 제사를 함으로써 그 은혜에
보답하는 것이다'고 한것으로 보아 약밥절식은 오랜 역사를 지닌 우리의 풍속이다.

▶ 고소하고 차진 맛이 별미다.

찰옥수수능근밥

강원도

잘 말린 찰옥수수의 맨질한 겉껍질을 벗긴 능근옥수수와 팥으로 만든 밥이다.
옥수수를 많이 재배하는 강원도의 향토음식이다. 옥수수는 혈당을 떨어뜨려 당뇨에 좋으며
풍부한 리놀렌산이 혈중 콜레스테롤을 낮춰준다.

들어가는 재료

4인분량

능근 옥수수 290g(2컵), 팥 210g(1컵), 물 2.5L, 설탕 1/3컵, 소금 1작은술

1인분량

능근 옥수수 73g, 팥 50g, 물 625mL, 설탕 27g

만드는 방법

1 팥과 능근 옥수수를 씻어 하루 동안 물에 담가 불린다.

2 불린 팥은 센불에 삶아 끓으면 물을 한번 따라 낸다.

3 불린 옥수수와 삶은 팥을 솥에 안쳐 물을 충분히 붓고 2시간 정도 푹
삶는다.

4 옥수수가 거의 익어가면 소금과 설탕으로 간을 하고 타지 않도록 가끔씩
나무주걱으로 저어가면서 끈끈한 진이 나도록 약한 불에서 뜸을 들인다.

깨알정보

▶ '능근'은 낟알의 껍질을 벗기기 위하여 물을 붓고 애벌 찧는다는 의미이다.

참취오곡쌈밥 충청북도

참취는 시중에서 나물취라고 부르며 한자로는 '향소(香蔬)'라고 한다.
취나물 가운데 으뜸이 참취이며, '대보름날 아침에 참취로 오곡밥을 싸먹으면 복이 온다'는
이야기가 있다.

들어가는 재료

4인분량
멥쌀 180g(1컵), 찹쌀 340g(2컵), 팥 110g(1/2컵), 콩 80g(1/2컵), 조 70g(1/2컵),
참취(잎이 큰 것) 20장, 밥 짓는 물 1L(5컵), 참기름 1작은술, 소금 1작은술
[쌈장] 된장 1큰술, 참기름 1/2큰술

1인분량
멥쌀 45g, 찹쌀 85g, 팥 28g, 콩 20g, 조 18g, 참취(잎이 큰 것) 14g,
밥 짓는 물 250mL, 참기름 1g, 소금 1g
[쌈장] 된장 4g, 참기름 2g

만드는 방법

1 팥은 센불에 삶아 끓으면 물을 한번 따라 낸다.

2 멥쌀, 찹쌀, 콩, 조는 깨끗이 씻어 물에 불린 후 삶은 팥과 함께 소금을 약간
　넣고 고슬고슬하게 오곡밥을 짓는다.

3 한 김 나간 밥에 참기름을 넣고 고루 섞은 후 손으로 꼭꼭 쥐어 타원형의
　주먹밥을 만든다.

4 참취는 줄기를 제거하고 끓는 물에 소금을 약간 넣어 살짝 데친 다음
　찬물에 헹구어 마른 면포로 물기를 제거하여 참기름으로 양념한다(손으로
　너무 꼭 짜면 물러진다).

5 참취잎에 주먹밥을 넣어 쌈을 싸고 쌈장을 곁들인다.

깨알정보

▶ 압력밥솥을 사용하면 팥이 잘 익지만 냄비에 밥을 할 때는 팥을 미리 삶는 과정이
　필요하다.

성게죽(구살죽) 제주도

성게는 비타민과 철분이 많아 빈혈 환자나 병을 앓은 후 회복기의 환자에게 특히 좋다.
또한 인삼과 같이 사포닌 성분이 들어 있어 결핵이나 가래를 제거하는 데도 효능이 있다.
황색 생식선의 맛과 향이 뛰어나 예부터 즐겨 먹는 수산물이다.

들어가는 재료

4인분량
성게알 100g, 쌀 360g(2컵), 물 2.4L(12컵), 참기름 1큰술, 소금 2작은술

1인분량
성게알 25g, 쌀 75g, 물 600mL, 참기름 1g, 소금 1g

만드는 방법

1 쌀은 깨끗이 씻어 물에 2시간 가량 불려 물기를 뺀 후 손으로 문질러 으깬다.

2 냄비에 참기름을 둘러 으깬 쌀을 넣고 볶다가 물을 부어 푹 끓인다.

3 쌀알이 퍼지면 성게알을 넣고 한소끔 끓인 다음 소금으로 간을 맞춘다.

깨알정보

▶ 성게는 식욕이 없을때 먹으면 좋으며, 색이 진한 황색의 성게알은 씁쓸한 맛이 있어 술안주로 좋고, 연한 황색의 성게알은 죽이나 반찬용으로 좋다.

찬품류

굴해장국 경상남도

굴은 아연 함량이 계란의 30배가 넘는데, 아연은 강정작용을 하는 영양소이며 스테미너의
원천이다. 또한 타우린의 함량이 높아 간 기능을 개선시킬 뿐만 아니라 노화방지 및
두뇌 활성화에 좋은 식품이다. 굴의 글리코겐은 췌장에 부담을 주지 않는 에너지원이며,
철분·아연·인·칼슘 등의 영양분이 풍부하게 함유되어 있어 피로회복에도 좋다.

들어가는 재료

4인분량
굴 100g, 얼갈이배추 150g, 무 100g, 쇠고기 100g, 실파 20g, 물 2L(10컵),
국간장 1큰술, 다진 파 1큰술, 다진 마늘 1작은술, 참기름 1작은술,
고춧가루 1 1/4작은술, 소금 2작은술

1인분량
굴 25g, 얼갈이배추 38g, 무 25g, 쇠고기 25g, 실파 5g, 물 500mL,
국간장 3g, 다진 파 2g, 다진 마늘 1g, 참기름 1g, 고춧가루 1g, 소금 2g

만드는 방법

1 쇠고기는 얇게 저며 국간장, 다진 파, 다진 마늘로 양념한다.

2 큰 얼갈이배추는 7~8cm 길이로 썰고, 작은 얼갈이배추는 모양 그대로
사용한다.

3 무는 나박썰기(2×3×0.5cm) 하고, 실파는 3cm 길이로 썬다.

4 굴은 연한 소금물에 살살 흔들어 깨끗이 씻는다.

5 냄비에 참기름을 두르고 양념한 쇠고기를 볶다가 얼갈이배추, 무,
고춧가루를 넣고 볶은 다음 물을 부어 푹 끓인다.

6 **5**에 굴, 실파를 넣고 한소끔 더 끓여 소금으로 간을 한다.

깨알정보

▶ 굴은 재료가 다 익을무렵 마지막에 넣어야 맛과 향을 제대로 살릴 수 있다.

나물국

경상남도

경상도 지방에서 정월 보름이나 명절에 많이 해 먹는 국이며, 영양도 풍부하고 볼품이 있어
손님 대접용으로 손색이 없다. 큰 양푼에 나물국을 넉넉하게 담아 밥을 넣어 비벼서 나누어
먹는 풍습이 있다. 나물국을 차게 해서 먹어도 별미다.

들어가는 재료

4인분량

조갯살 100g(1/2컵), 콩나물 50g, 숙주 50g, 애호박 50g, 삶은 고사리 50g,
무 50g, 생미역 50g, 두부 50g, 시금치 30g, 부추 20g, 쌀뜨물 1.6L(8컵),
국간장 10g(2작은술), 참기름 5g(1작은술), 소금 1큰술
[양념장] 국간장 2큰술, 다진 파 2큰술, 다진 마늘 1큰술, 참기름 1큰술, 깨소금 1큰술

1인분량

조갯살 25g, 콩나물 13g, 숙주 13g, 애호박 13g, 삶은 고사리 13g, 무 13g, 생미역
13g, 두부 13g, 시금치 8g, 부추 5g, 쌀뜨물 400mL, 국간장 3g, 참기름 3g, 소금 2g
[양념장] 국간장 9g, 다진 파 4g, 다진 마늘 5g, 참기름 3g, 깨소금 2g

만드는 방법

1 콩나물과 숙주는 삶아서 양념장으로 각각 무치고, 부추도 5cm 길이로 썰은
후, 시금치와 부추를 끓는 물에 살짝 데치고 양념장으로 각각 무친다.

2 고사리는 5cm 길이로 썰어 양념하여 볶고, 생미역은 깨끗하게 주물러 씻어
5cm 길이로 잘라 양념장에 무친다.

3 무와 애호박은 5cm 길이로 채 썰어 각각 소금에 절였다가 물기를 꼭 짜서
참기름에 볶고, 두부는 깍둑썰기(1×1×1cm)하고, 조갯살은 깨끗이 씻는다.

4 냄비에 쌀뜨물을 붓고 준비된 콩나물, 숙주, 시금치, 부추, 고사리, 미역, 무,
애호박을 넣어 끓인 후 조갯살을 넣는다.

5 4가 끓으면 두부를 넣고 국간장으로 간을 하여 한소끔 더 끓인다.

깨알정보

▶ 옛날에는 먹고 난 후 남은 음식을 보관할 수 있는 시설이 없어 변질될 우려가 있는
나물류를 이용해 국을 끓여 먹었던 것에서 유래되어 오늘날 즐겨 먹고 있다. 나물을 새로
만들기보다는 먹고 남은 나물을 이용하고 국간장으로 간을 해야 제 맛을 낼 수 있다.

들깨미역국

경상북도

보통 병을 앓고 난 후 체력이 떨어졌을 때나 기운이 없는 노인들에게 들깨미역국을 끓여 드리면 기가 보강돼 건강식으로 좋다. 들깨와 미역은 둘 다 공통으로 기가 뭉친 것을 내려주는 효과가 있어 기운을 돋우는 음식이다.

들어가는 재료

4인분량
불린 미역 300g, 들깨 55g(1/2컵), 불린 쌀 2큰술, 쌀뜨물 1.2L(6컵), 물 200mL(1컵), 국간장 1 1/2큰술

1인분량
불린 미역 75g, 들깨 14g, 불린 쌀 6g, 쌀뜨물 300mL, 물 50mL, 국간장 5g

만드는 방법

1 미역은 씻어 물기를 빼고 5~6cm 길이로 자른다.

2 들깨와 불린 멥쌀은 물을 넣고 갈아 체에 거른다.

3 냄비에 쌀뜨물을 붓고 미역을 넣어 끓이다가 **2**를 넣어 끓인다.

4 국간장으로 간을 한다.

들깨우거지국

경상북도

들깨는 다량의 비타민C가 들어있어 변비 예방에도 좋고 피부 미용에 탁월한 효과를 보인다.
우거지에 함유된 풍부한 섬유질이 들깨의 효능을 한껏 올려준다. 우거지는 배추 등과 같은
채소에서 뜯어낸 겉대를 말하고, 시래기는 무청을 말린 것을 말한다.

들어가는 재료

4인분량
삶은 우거지 400g, 들깨 5큰술, 대파 20g(1/2뿌리), 물 1.4L(7컵), 된장 1큰술,
다진 마늘 1큰술, 국간장 2큰술

1인분량
삶은 우거지 100g, 들깨 10g, 대파 5g, 물 350mL, 된장 9g, 다진 마늘 4g,
국간장 7g

만드는 방법

1 들깨는 깨끗이 씻어 물기를 뺀 후 분쇄기에 간다.

2 대파는 어슷썰고(0.3cm), 우거지는 5cm 길이로 썬다.

3 냄비에 물을 붓고 된장을 풀어 우거지를 넣어 끓인다.

4 들깻가루, 어슷썬 대파, 다진 마늘을 넣고 한소끔 더 끓여 국간장으로 간을
한다.

깨알정보

▶ 식성에 따라 매운 고추, 고춧가루 등을 넣는다.

매생이국

전라남도

5대 영양소가 골고루 들어있는 매생이는 식이섬유 함량이 많아 다이어트에 도움이 된다.
칼슘과 철분이 풍부해 골다공증이나 성장기 어린이의 발육촉진에 효능이 있다. 또한 숙취
해소와 고혈압, 변비해소에 좋고 콜레스테롤 함량도 떨어뜨린다.

들어가는 재료

4인분량
매생이 400g, 굴 100g, 물 1.6L(8컵), 국간장 2큰술, 다진 마늘 1큰술,
참기름 2작은술

1인분량
매생이 100g, 굴 25g, 물 400mL, 국간장 8g, 다진 마늘 10g, 참기름 2g

만드는 방법

1 매생이는 물에 서너 번 헹궈 고운 체에 받쳐 물기를 뺀다.

2 굴에 소금을 넣고 으깨지지 않도록 살살 주무른 후 물로 서너 번 헹궈 체에
받쳐 둔다.

3 두꺼운 냄비에 참기름을 두르고, 굴과 다진 마늘을 넣고 볶는다.

4 굴의 향이 우러나면 매생이를 넣고 물을 부어 살짝 끓인 다음 국간장으로
간을 한다.

깨알정보

▶ 매생이를 물에 헹굴때 마지막단계에서 식초 한 방울을 희석하여 헹구면 비린맛을
없앨 수 있다.

▶ 매생이국은 일명 '미운 사위국'이라고도 하는데, 국이 보기와 달리 뜨겁기 때문에
섣불리 먹었다간 입을 데기 때문이다. 옛날에 사위가 딸에게 잘해 주지 못하면
친청 어머니가 말로 하기 힘들어 꼭 매생이국을 끓여 주었다고도 한다.

아욱토장국 (아욱국)

서울

아욱은 '가을 아욱국은 사립문 닫고 먹는다' 라는 말이 있을 정도로 가을을 대표하는
채소다. 단백질, 지질, 무기질, 칼슘의 함량이 많다. 또한, 폐의 열을 내리거나 기침을 멈추게
하는 효능이 있는 것으로 감기나 비염 등 호흡기 질환에도 도움이 된다.

들어가는 재료

4인분량
아욱 200g, 다진 마늘 1큰술, 보리새우 25g, 대파 20g(1/2뿌리), 생강즙 1/2큰술
[된장 국물] 쌀뜨물 1.6L(8컵), 된장 4큰술, 고추장 1큰술

1인분량
아욱 50g, 다진 마늘 4g, 보리새우 13g, 대파 5g, 생강즙 2g
[된장 국물] 쌀뜨물 400mL, 된장 15g, 고추장 5g

만드는 방법

1 아욱은 줄기를 꺾으면서 잡아 당겨 투명한 실 같은 심을 벗겨 내고 꼭꼭
주물러 풋내를 가시게 한 다음 찬물에 헹궈 적당한 크기로 찢는다.

2 보리새우는 마른 팬에 기름 없이 볶아 마른 면포에 싸서 문질러 뾰족한
수염이나 다리를 떼어 낸다.

3 냄비에 쌀뜨물과 된장, 고추장을 넣어 한소끔 끓인다.

4 보리새우, 아욱, 다진 마늘, 생강즙을 넣고 아욱의 색이 변할 때까지 푹
끓인다.

5 대파를 넣어 마무리 한다.

깨알 정보

▶ 재래식 된장과 고추장을 사용할 경우 오래 끓이면 쓴맛이 날 수 있다.

오징어국

전국

오징어는 지방이 거의 없고 단백질이 풍부하며 당뇨병을 예방하는 타우린 성분을 함유하고
있다. 동의보감에서 기를 보하고 의지를 강하게 하며 월경불순에 효능이 있다고 적혀있다.
콜레스테롤이 많아 고지혈증 환자는 섭취에 주의해야 한다.

들어가는 재료

4인분량
오징어 200g(2/3마리), 무 150g, 쪽파 20g, 물 1.6L(8컵), 소금 1.5작은술,
국간장 1큰술, 고춧가루 5g(1큰술), 다진 마늘 8g(2/3큰술)

1인분량
오징어 50g, 무 38g, 쪽파 5g, 물 400mL, 소금 2g, 국간장 1g, 고춧가루 1g,
다진 마늘 2g

만드는 방법

1 오징어는 깨끗하게 손질하여 길이 4cm, 폭 1.5cm 크기로 썰어 둔다.

2 무는 나박썰기(2.5×2.5×0.3cm) 한다. 쪽파는 4cm 길이로 썬다.

3 냄비에 물을 넣고 고춧가루를 푼 다음 무를 넣고 끓인다.

4 냄비에 오징어, 쪽파, 다진 마늘을 넣고, 소금으로 간을 맞춘다.

깨알정보

▶ 국간장으로 간을 맞추면 국물맛이 시원하다.

토란대된장국 경상북도

토란대는 반드시 껍질을 벗겨서 말려야 하며, 끓는물에 살짝 데쳐낸 후 물에 4~5시간
충분히 우려내야 아린맛이 제거된다. 또한 토란대는 칼륨이 풍부하여 피로회복, 고혈압에
효과적이며 민간에서는 독충에 쏘였을때 토란줄기의 즙을 바르기도 한다.

들어가는 재료

4인분량
토란대 150g, 양파 100g(1개), 멸치장국 국물(멸치 · 다시마 · 물) 1.2L(6컵),
된장 1큰술, 다진 마늘 1큰술, 고춧가루 1작은술, 소금 3/4작은술

1인분량
토란대 38g, 양파 25g, 멸치장국 국물(멸치 · 다시마 · 물) 300mL, 된장 4g,
다진 마늘 4g, 고춧가루 1g, 소금 1g

만드는 방법

1 토란대를 찢어서 삶아 물에 담가 쓴맛을 우려 내고 4cm 길이로 썬다.

2 양파는 1cm 너비로 굵게 채 썬다.

3 냄비에 멸치장국 국물을 붓고 된장을 푼 다음 토란대를 넣고 끓인다.

4 끓으면 양파, 다진 마늘, 고춧가루를 넣고 한소끔 더 끓여 소금으로 간을
한다.

개알정보

▶ 토란과 토란대는 옻이나 은행처럼 알러지를 일으키는 물질을 함유하고 있어
민감한 사람은 비닐장갑 등을 착용한다. 토란대는 채취 직후 바로 껍질을 벗기려면
잘 벗겨지지 않으므로 2~3일 동안 두었다가 줄기가 숨이 죽은 뒤 껍질을 벗기면
쉽게 벗겨지며, 잘 벗겨지지 않는 껍질은 끓는물에 소금을 넣고 살짝 데친 후
벗기면 잘 벗겨진다.

호박된장국 전라남도

늙은 호박은 소화가 잘되고 비타민이 많이 함유되어 있으며, 두뇌건강에도 좋다.
된장은 항암 작용과 함께 혈관질환을 예방하는데 도움이 되는데, 늙은 호박의 부드러운
단맛이 된장과 어울려 색다른 맛을 나타낸다.

들어가는 재료

4인분량
늙은 호박 200g, 조갯살 100g(1/2컵), 물 1.6L(8컵), 된장 4큰술, 소금 1작은술

1인분량
늙은 호박 50g, 조갯살 13g, 물 400mL, 된장 17g, 소금 1g

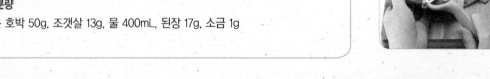

만드는 방법

1 늙은 호박은 껍질을 벗기고 씨를 긁어 낸 다음 4~5cm 길이로 얇게 저며 썬다.

2 물에 된장을 풀고 호박을 넣어 한소끔 끓인 다음 조갯살을 넣고 소금 간을 한다.

낙지연포탕 전라남도

서해안 사람들은 낙지를 '뻘 속의 산삼'이라고 표현한다. 낙지는 단백질과 무기질이 풍부해 쇠고기와 비교해도 영양가가 떨어지지 않는 바다 속의 스태미너 식품이다. 연포탕은 작은 세발낙지보다 중간 크기의 낙지를 주로 사용한다.

들어가는 재료

4인분량
낙지 1kg(4마리), 쪽파 50g, 멸치장국 국물(멸치, 다시마, 물) 1.6L(8컵), 다진 마늘 1큰술, 소금 1작은술, 참기름, 깨소금 약간

1인분량
낙지 250g(1마리), 쪽파 13g, 멸치장국 국물(멸치, 다시마, 물) 400mL(2컵), 다진 마늘 1/4큰술, 소금 약간, 참기름, 깨소금 약간

만드는 방법

1 낙지는 깨끗이 손질하여 씻고 물기를 뺀다.

2 쪽파는 씻어 3cm 길이로 썬다.

3 냄비에 멸치장국 국물을 붓고 낙지를 통째로 넣어 삶아 낙지가 익으면 꺼내어 4cm 길이로 썰어 넣는다.

4 **3**에 쪽파, 다진 마늘, 참기름, 깨소금을 넣고 소금으로 간을 하여 한소끔 더 끓인다.

깨알정보

▶ 낙지는 산뜻하고 담백한 맛으로 낙지 한 마리가 인삼 한 근에 버금간다는 말과 같이 많은 철분이 함유되어 있어 빈혈이 있는 사람에겐 특효 식품이며 타우린 성분이 많이 함유되어 있어 남성 스태미너 증강에 효과가 있으며 허약체질 및 피부미용에 탁월한 효과가 있다. 또한 혈중 콜레스테롤을 저하시키는 타우린이 피로회복 및 간장기능 강화 및 성인병을 예방한다.

버섯탕 충청남도

버섯은 고단백 · 저칼로리 식품이면서 식이섬유, 비타민, 철 등 무기질이 풍부한
건강식품이다. 장내의 유해물, 노폐물을 배설하고 혈액을 깨끗하게 한다.
면역 기능을 높이는 효능이 있어 감염이나 암을 예방하는 효능이 있다.

들어가는 재료

4인분량
느타리버섯 300g(15개), 두부 200g(1/3모), 돼지고기 200g, 삶은 시래기 200g,
물 1.6L(8컵), 국간장 3큰술, 깨소금 1큰술, 참기름 1작은술, 다진 마늘 1큰술

1인분량
느타리버섯 75g, 두부 50g, 돼지고기 50g, 삶은 시래기 50g, 물 400mL,
국간장 14g, 깨소금 1g, 참기름 1g, 다진 마늘 4g

만드는 방법

1 느타리버섯은 살짝 데쳐서 물기를 짠 후 잘게 찢어 깨소금과 참기름으로
무친다.

2 삶은 시래기는 4cm 길이로 썰고, 돼지고기는 적당한 크기로 썰고, 두부는
납작하게 썬다(3×4×0.5cm).

3 냄비에 물을 붓고 시래기, 돼지고기, 두부를 넣어 끓인 다음 무쳐 놓은
느타리버섯을 넣고 국간장으로 간을 맞춘다.

어알탕
(서울)

어알탕은 쇠고기 대신 민어 같은 흰살생선의 살을 다져 양념하여 완자를 빚어 넣고 끓인 맑은 국이다. 밥을 먹기 위한 반상(飯床)용 국이라기보다 교자상이나 주안상에 어울리는 국으로 수리취떡, 제호탕, 준치만두와 함께 단오 절식이다.

들어가는 재료

4인분량

흰살 생선 150g, 실파 2뿌리, 소금 1작은술, 식용유 1작은술, 물 1.6L(8컵), 국간장 10g, 전분 6큰술, 달걀 50g(1개), 쑥갓 15g, 쇠고기(양지머리) 100g, 잣 3g
[장국고기 양념] 소금 1/2작은술, 참기름 1작은술, 후춧가루 0.5g
[완자 양념] 소금 1/2작은술, 참기름 1작은술, 다진 파 2작은술, 생강즙 1작은술, 다진 마늘 1작은술, 흰 후춧가루 0.5g

1인분량

흰살 생선 38g, 실파 3g, 소금 1g, 식용유 1g, 물 400mL, 국간장 3g, 전분 10g, 달걀 13g, 쑥갓 4g, 쇠고기(양지머리) 25g, 잣 1g
[장국고기 양념] 소금 1g, 참기름 1g, 후춧가루 1g
[완자 양념] 소금 1g, 참기름 1g, 다진 파 1g, 생강즙 1g, 다진 마늘 1.5g, 흰 후춧가루 0.5g

만드는 방법

1 쇠고기는 사방 2cm로 납작하게 썰어서 양념하여 물을 붓고 맑은 육수를 끓여 국간장으로 간을 맞춘다.

2 흰살 생선은 포로 떠서 1cm 정도로 썬 다음 대강 다져서 양념을 차례로 넣고 끈기가 날 때까지 으깬다. 고루 어우러지면 전분 1큰술을 넣어 섞은 후 잣을 하나씩 넣어 지름 1.5cm의 완자로 빚는다.

3 빚은 완자에 전분을 고루 묻힌 후 냉수에 담갔다가 건져 내어 다시 전분을 고루 묻힌다. 세 번 정도 반복하여 입혀서 찜통에 젖은 면보를 깔고 찐다.

4 달걀은 황백으로 갈라서 소금을 약간 넣어 풀어서 지단을 얇게 부쳐 완자 모양으로 썬다. 실파와 쑥갓은 다듬어 4cm의 길이로 썬다.

5 육수가 펄펄 끓을 때에 쪄 낸 완자와 실파와 쑥갓을 넣어 잠시 더 끓여서 대접에 담고 지단을 띄워 낸다.

정선황기탕 강원도

황기는 말초 순환을 원활하게 하고 면역 능력을 높이는데 탁월한 효능을 가지고 있다.
동의보감에 의하면 '온갖 허약과 과로에 아주 좋고, 갈증을 멎게 하며, 에너지를 돕고
근육과 폐를 튼튼하면서 살찌게 해 피를 보한다' 라고 기록되어 있다.

들어가는 재료

4인분량
황기 50g, 대추 25g(13개), 밤 40g(4개), 찹쌀 170g(1컵), 닭 1kg(1마리),
마늘 20g(5쪽), 물 3L(15컵), 소금 1큰술

1인분량
황기 13g, 대추 6g, 밤 10g, 찹쌀 43g, 닭 250g, 마늘 5g, 물 750mL, 소금 2g

만드는 방법

1 닭을 손질한 뒤 씻어 물기를 빼고, 밤은 껍질을 벗긴다.

2 찹쌀은 물에 담가 불린 후 닭 배 속에 찹쌀과 황기, 대추, 마늘을 넣고 실로
묶거나 꼬지로 꿰어놓는다.

3 솥에 닭을 넣고 물을 부은 다음 1시간 이상 끓여 익힌 후 소금으로 간을
맞춘다.

4 그릇에 닭을 통째로 담은 뒤 국물을 얹어 낸다.

깨알 정보

▶ 끓는물에 닭을 넣어 10분간 끓이다 약불에 1시간 정도 끓여 익히면 살이 연하다.

죽순계란탕 전라남도

4월에서 6월 사이에 제일 맛이 좋은 죽순은 혈압을 낮추고 풍부한 식이섬유로 대장암 예방과 콜레스테롤 억제에 효과적이다. 죽순과 계란은 공통적으로 칼슘과 철분의 함량이 많아서 뼈를 튼튼하게 하고 피를 보하는 효과가 있다.

들어가는 재료

4인분량
죽순 200g(1개), 달걀 100g(2개), 실파 1뿌리, 다진 파 1큰술, 다진 마늘 1큰술, 국간장 2큰술, 쌀뜨물 1L, 참기름 1작은술, 소금 1g, 후춧가루 2g
[육수] 쇠고기 100g, 대파 20g(1/2뿌리), 마늘 10g(3쪽), 물 1.6L(8컵)

1인분량
죽순 50g, 달걀 13g, 실파 1g, 다진 파 4g, 다진 마늘 4g, 국간장 7g, 쌀뜨물 250mL, 참기름 1g, 소금 0.3g, 후춧가루 1g
[육수] 쇠고기 25g, 대파 5g, 마늘 3g, 물 400mL

만드는 방법

1 죽순을 쌀뜨물에 푹 삶고, 미지근한 물에 담가 쓴맛을 우려 낸다.

2 쇠고기와 대파, 마늘을 물에 넣고 끓여 육수를 낸 다음 건더기는 건져 낸다.

3 **1**의 죽순을 0.3cm 두께로 썰고, **2**의 쇠고기를 잘게 썬 다음 소금과 후춧가루로 간을 하고 달걀로 버무린다.

4 육수가 끓으면 **3**을 한 숟가락씩 떠 넣고 다진 파, 다진 마늘을 넣어 끓인다.

5 국간장으로 간을 한 다음 참기름을 넣고 불을 끈다.

6 그릇에 담고 실파를 송송 썰어 고명으로 올린다.

토란탕

(전라북도) (전라남도)

한가위 절식의 하나다. 「농가월령가」에 "북어쾌 젓조기로 추석 명절 쇠어보세.
신도주 · 올벼송편 · 박나물 · 토란국을 선산에 제물하고 이웃집 나눠 먹세"라는 구절이
나오는 것으로 미루어 조선시대 때 절식으로 정착된 것으로 추측된다.

들어가는 재료

4인분량
토란 400g, 쇠고기 100g, 들깨 50g(1/2컵), 쌀 30g, 물 1,600mL(8컵),
쌀뜨물 400mL(4컵), 소금 1작은술
[쇠고기 양념] 국간장 1/2큰술, 다진 파 2작은술, 다진 마늘 1작은술, 참기름
1작은술, 후춧가루 1/2작은술

1인분량
토란 100g, 쇠고기 25g, 들깨 13g, 쌀 8g, 물 400mL, 쌀뜨물 125mL, 소금 1g
[쇠고기 양념] 국간장 2g, 다진 파 2g, 다진 마늘 1g, 참기름 1g, 후춧가루 0.1g

만드는 방법

1 냄비에 쇠고기를 넣고 물을 부어 푹 삶은 다음 고기는 잘게 찢어 양념을
하고 고기 삶은 물은 따로 둔다.

2 토란은 껍질을 벗겨 큰 것은 2등분을 하고 쌀뜨물에 소금을 약간 넣고 살짝
삶아 헹궈 둔다.

3 들깨와 쌀은 고기 삶은 물을 부어가며 분쇄기에 곱게 간다.

4 **3**을 체에 거르고 여기에 데친 토란과 양념한 고기를 넣고 끓인다.

5 소금으로 간을 한다.

깨알정보

▶ 『조선무쌍신식요리제법』에서는 토란을 넣어 끓이기도 하며, 또 토란을 삶아
으깨어서 체에 내리고 쇠고기 다진 것을 섞어 완자처럼 빚은 후 밀가루, 달걀을
씌워 팬에 지져 토란탕에 넣어 끓인다고 하였다.

▶ 지역에 따라 굴을 넣지 않고 끓이기도 하며, 토란은 껍질을 벗겨 1시간쯤 찬물에
담근 후 아린 맛을 제거하기 위해 소금물에 삶아 낸다.

호박고지탕

강원도

설날이나 대보름에 주로 먹는 강원도 인제 지역의 향토음식이다. 비타민C가 부족하기
쉬운 겨울철 음식으로 많이 이용되었다. 식이섬유와 영양성분이 농축되어 있는 호박고지는
아삭하게 씹히는 식감과 씹을수록 느껴지는 단맛이 일품이다.

들어가는 재료

4인분량
호박고지 160g, 들깨 220g(2컵), 쌀 180g(1컵), 물 2L, 소금 1.5큰술
[양념장] 참기름 1/2큰술, 다진 마늘 1작은술, 다진 파 1작은술, 다진 생강
　　　　　 1작은술

1인분량
호박고지 40g, 들깨 55g, 쌀 45g, 물 500mL, 소금 3g
[양념장] 참기름 2g, 다진 마늘 2g, 다진 파 1g, 다진 생강 1g

만드는 방법

1 호박고지를 물에 불린 다음 물기를 빼 놓는다.

2 쌀은 30분 정도 불린 후 물기를 빼 놓는다.

3 들깨와 불린 쌀을 절구에 빻거나 분쇄기에 갈아 물을 600mL 넣고 체에
　거른다.

4 양념장을 만들어 불린 호박고지에 무쳐 간이 배도록 볶는다.

5 위의 재료를 모두 냄비에 넣어 푹 끓인다.

까알 정보

▶ '동짓날 호박을 먹으면 중풍에 걸리지 않는다'는 속담처럼 호박은 감기에 대한
　 저항력을 기르고 동상도 막아준다고 한다.

콩비지찌개

 경상북도

콩비지에는 현대인에게 부족하기 쉬운 식이섬유가 다량 함유되어 있다. 또한 콜레스테롤을 낮춰주고 혈액을 맑게 해주는 효능이 있어 동맥경화, 고혈압, 고지혈증과 같은 성인병 예방에 도움이 된다. 콩의 단백질이 대부분 제거된 것으로 주로 찌개나 전 등에 활용한다.

들어가는 재료

4인분량
비지 200g, 배추김치 200g, 돼지고기 100g, 대파 35g(1뿌리), 물 600mL(3컵), 다진 마늘 1큰술, 국간장 2큰술

1인분량
비지 50g, 배추김치 50g, 돼지고기 25g, 대파 9g, 물 150mL, 다진 마늘 5g, 국간장 8g

만드는 방법

1 소쿠리에 면포를 깔고 비지를 담아 따뜻한 곳에서 1~2일 정도 발효시킨다.

2 돼지고기는 깍둑 썰고(사방 1.5cm), 김치는 양념을 털어내고 꼭 짜서 송송(0.5cm) 썰고, 대파는 어슷하게 (0.5cm) 썬다.

3 뚝배기에 돼지고기와 김치를 넣어 볶다가 발효시킨 비지와 물을 붓고 끓인다.

4 다진 마늘, 대파를 넣고 국간장으로 간을 하여 한소끔 더 끓인다.

깨알정보

▶ 배추, 무, 고춧가루, 된장, 멸치장국 국물을 넣어 끓이기도 한다.

조기찌개

전라북도 전라남도

조기는 머리에 돌이 있다하여 석수어(石首魚)라고 했는데 사람의 기를 돕는 생선이라는
뜻으로 조기(助氣)라고도 했다. 조기는 제주도 남서쪽에서 겨울을 보내고 북상해 3월 말에서
4월 초순에 영광 앞바다인 칠산바다에 도달해 산란을 시작하기 때문에 여기서 잡히는 조기는
알이 꽉 차고 살이 올라 맛이 좋다.

들어가는 재료

4인분량
조기 500g(3마리), 고사리 200g, 달걀 50g(1개), 풋고추 15g(1개), 붉은 고추
15g(1개), 된장 1큰술, 고춧가루 1큰술, 대파 1/4뿌리, 다진 마늘 1큰술, 국간장 30g
[멸치장국 국물] 멸치 20g(10마리), 다시마 10g, 물 3컵

1인분량
조기 125g, 고사리 50g, 달걀 13g, 풋고추 4g, 붉은 고추 4g, 된장 4g,
고춧가루 1g, 대파 3g, 다진 마늘 4g, 국간장 8g
[멸치장국 국물] 멸치 5g, 다시마 3g, 물 150mL

만드는 방법

1 냄비에 물을 붓고 멸치와 다시마를 넣고 끓여서 장국 국물을 만든다.

2 조기는 비늘을 제거하고 깨끗이 씻은 다음 칼집을 낸다.

3 고사리는 물에 불려서 먹기 좋은 크기로 썰어 놓는다.

4 달걀은 황백지단을 부쳐서 마름모 모양으로 썰고 풋고추, 붉은 고추는 씨를
빼고 어슷하게 썰어 놓는다. 대파도 어슷썬다.

5 멸치장국 국물에 된장과 고춧가루를 넣고 끓이다가 조기와 고사리를 넣어
한소끔 끓인다.

6 풋고추, 붉은 고추, 대파, 다진 마늘을 넣고 국간장으로 간을 맞춘 후
그릇에 담고 황백지단으로 고명을 얹는다.

깨알정보

▶ 춘절시식(春節時食)으로 곡우절이 되면 조기가 가장 기름지고 맛이 좋은 때가 되므로
조깃국, 조기찌개를 끓여 먹어 사람들의 입맛을 돋운다.

▶ 조기는 살이 도톰한 편이므로 반드시 칼집을 깊숙이 넣어 속까지 양념이 배게 해야 맛있다.
칼집을 넣을 때는 칼을 비스듬히 눕혀서 어슷하게 해야 단면적이 넓어져 효과적이다.

청국장찌개

경상북도 충청북도

청국장은 장내 부패균의 활동을 억제하고 간장의 해독 작용을 촉진시키는 등 많은 효능이 있는 것으로 밝혀졌다. 혈전을 용해시키고 콜레스테롤을 제거하기도 해 심혈관 계통 질환을 예방해준다.

들어가는 재료

4인분량
청국장 100g, 쇠고기 50g, 두부 250g(1/2모), 배추김치 200g, 풋고추 45g(3개), 쌀뜨물 600mL(3컵), 대파 10g(1/4뿌리), 마늘 10g(2쪽), 고춧가루 2작은술, 소금 1작은술

1인분량
청국장 25g, 쇠고기 13g, 두부 63g, 배추김치 50g, 풋고추 11g, 쌀뜨물 150mL, 대파 3g, 마늘 3g, 고춧가루 1g, 소금 1g

만드는 방법

1. 두부는 깍둑썰고(사방 2cm), 배추김치는 3~4cm 폭으로 썰고, 풋고추는 어슷썬다(0.3cm). 쇠고기는 잘게 썰어 소금, 다진 파, 다진 마늘로 넣고 양념한다.

2. 뚝배기에 쌀뜨물을 붓고 쇠고기와 김치를 함께 넣어 끓인다.

3. 한소끔 끓으면 청국장을 풀어 넣고 풋고추와 두부를 넣어 끓이다가 고춧가루와 소금으로 간을 맞춘다.

깨알 정보

▶ 청국장은 가을에서 이른 봄까지 일반 가정에서 많이 쓰이는 장으로 동지 전에 김장을 담그고 난 뒤 햇콩을 삶아 띄워서 만든다.

▶ 쇠고기와 김치를 뚝배기에 함께 볶다가 물을 붓고 끓이다 청국장을 풀어 넣는 것이 좋다.

▶ 무를 얄팍하게 썰어 넣어 약간 되직하게 끓이기도 한다.

생선찜 경상남도

흰살생선으로 만드는 생선찜은 기름기가 적고 살이 연해 어린이나 노인의 영양식으로 좋다.
풍부하게 들어 있는 비타민B가 치매 예방에 도움이 되며 각종 염증을 예방한다. 생선찜은
흰살생선 본연의 맛을 느끼게 해주는 조리법이다.

들어가는 재료

4인분량
생선(도미, 조기, 민어 등) 1마리, 실고추 2g, 통깨 1작은술, 소금 1큰술

1인분량
생선(도미, 조기, 민어 등) 240g, 실고추 1g, 통깨 2g, 소금 2g

만드는 방법

1 생선은 내장과 비늘을 제거하고 소금으로 간을 하여 30분 정도 두었다가
깨끗이 씻어 2~3일간 꾸덕꾸덕하게 말린다.

2 찜통에 물을 적당히 붓고 김이 오르면 생선을 올려 찐 후 실고추와 통깨를
얹는다.

3 **2**를 채반에 넣어 식힌다.

깨알정보

▶ 흰살 생선이면 생선찜을 할 수 있으며 생선의 명칭에 따라 찜 명칭이 붙는다.

▶ 계절 채소를 이용하여 곱게 다진 다음 생선에 넣어 달걀, 밀가루의 순서로 입혀서
형태를 잡아 찌기도 한다.

가지나물

전라남도   제주도

가지는 열을 내리고 혈액순환을 좋게 하며 통증을 멈추게 하고 붓기를 완화하는 효과가
있다. 특히 가지에 포함된 보라색 껍질은 혈액 중의 콜레스테롤 수치를 낮추는 작용을 할
뿐만 아니라 항산화물질인 폴리페놀이 풍부하게 들어있다.

들어가는 재료

4인분량
가지 240g(2개), 소금 3g(1작은술)
[양념장] 간장 8g(1/2큰술), 다진 파 3g(1작은술), 다진 마늘 3g(1/2작은술),
참기름 2g(2/3작은술), 깨소금 1g(1/4작은술)

1인분량
가지 60g(1/2개), 소금 1g
[양념장] 간장 2g, 다진 파 1g, 다진 마늘 1g, 참기름 0.5g, 깨소금 0.3g

만드는 방법

1 가지는 깨끗이 씻어 밥솥이나 찜통에 찐 다음 길이로 5~6등분 갈라 4cm
길이로 자른다.

2 분량의 양념으로 양념장을 만든다.

3 가지에 양념장을 넣고 잘 무친 후 소금으로 간을 맞춘다.

깨알정보

▶ 밥을 지을때 그릇에 가지를 담아 쪄내기도 한다.

깻잎나물 　전국

깻잎의 독특한 향은 입맛을 돋우고 육류의 누린내와 생선의 비린내를 없애 준다. 철분이
시금치의 2배 이상이고 칼슘, 무기질, 비타민이 풍부하게 함유되어 있다. 나물로 쓰는
깻잎은 다 자란 것보다는 어린줄기에 달린 작은 잎을 사용한다.

들어가는 재료

4인분량
깻잎 120g, 식용유 8g(2/3큰술), 통깨 1g(1/4작은술)
[양념] 간장 15g(1큰술), 다진 마늘 8g(2/3큰술), 다진 파 12g(1 1/3큰술), 설탕
　　　4g(1작은술), 참기름 2g(1/2작은술)

1인분량
깻잎 30g, 식용유 2g, 통깨 0.3g
[양념] 간장 5g, 다진 마늘 2g, 다진 파 3g, 설탕 1g, 참기름 0.5g

만드는 방법

1 깻잎을 깨끗이 씻어 물기를 뺀다.

2 냄비에 식용유를 살짝 두른 후 깻잎을 넣고 볶는다.

3 분량의 양념을 넣고 다시 한 번 볶는다.

4 통깨를 살짝 뿌린다.

깨알정보

▶ 깻잎을 끓는물에 데쳐서 볶는 방법도 있다.

대하잣즙무침

서울

새우는 양기를 왕성하게 해주는 식품으로 알려졌는데 속살에 들어 있는 타우린은 간의
해독작용을 도와줘서 숙취 해소에 도움이 된다. 잣은 간에 쌓인 지방을 줄이는 효과가 있어
대하와 함께 먹으면 간을 건강하게 만들어 준다.

들어가는 재료

4인분량
대하 800g(8마리), 쇠고기(사태) 200g, 오이 150g(약 1개), 삶은 죽순 100g,
흰 후춧가루 0.1g, 식용유 2큰술, 소금 1g
[잣즙] 잣가루 6큰술, 육수 4큰술, 소금 1작은술, 참기름 1작은술, 흰 후춧가루
0.6g

1인분량
대하 200g, 쇠고기(사태) 50g, 오이 38g, 삶은 죽순 25g, 식용유 7g, 소금 0.3g
[잣즙] 잣가루 11g, 육수 15g, 소금 1g, 참기름 1g, 흰 후춧가루 0.2g

만드는 방법

1 큰 새우는 껍질째 깨끗이 씻어 등쪽의 내장을 꼬치로 빼고 소금을 뿌려
찜통에 7~8분 정도 쪄서 둥글게 오므라 들도록 한다.

2 새우가 익으면 머리를 떼고 껍질을 벗겨 어슷하게 3cm 폭으로 저며 썬다.

3 사태는 미리 삶아서 편육을 만들어 납작하게 썬다.

4 오이는 길이로 반갈라 어슷썰어(0.3cm) 소금에 절였다가 물기를 꼭 짜
식용유에 살짝 볶아 식힌다.

5 삶은 죽순은 반 갈라 빗살모양으로 얇게 썰어서 소금과 흰 후춧가루로 간을
하고 식용유에 볶아 넓은 그릇에 펴서 식힌다.

6 도마에 넓은 종이를 펴고 잣을 곱게 다져서 잣가루를 만든다.

7 분량의 재료를 넣어 잣즙을 만들어서 위에서 준비한 재료를 한 데 담고
소금과 흰 후춧가루를 살짝 뿌린 다음 잣즙을 넣어 가볍게 무친다.

미역쌈 （전국）

미역은 피를 맑게 할 뿐만 아니라 몸의 붓기를 제거하는 효과도 있다. 특히, 미역 줄기의
미끈한 성분은 혈중 콜레스테롤을 줄여주고 몸 안에 쌓인 중금속을 밖으로 배출하는 효과가
있다. 남해에선 성게알을 미역으로 싸서 먹기도 한다.

들어가는 재료

4인분량
생미역 200g, 쑥갓 30g
[초고추장] 고추장 40g(2 1/4컵), 식초 20g(1 1/2큰술), 설탕 17g(1 1/3큰술),
　　　　　다진 파 6g(2작은술), 다진 마늘 8g(2/3큰술)

1인분량
생미역 50g, 쑥갓 8g
[초고추장] 고추장 10g, 식초 5g, 설탕 4g, 다진 파 2g, 다진 마늘 2g

만드는 방법

1 생미역은 뿌리 부분을 떼어내고 물에 여러번 헹구어 물기를 뺀다.

2 냄비에 물을 넉넉히 끓여 미역을 넣고 살짝 데쳐 내어 바로 찬물에
　헹구어서 건진다.

3 양념을 모두 섞어 초고추장을 만든다.

4 쑥갓은 접시에 깔고 미역을 담아 초고추장과 함께 곁들인다.

생김볶음

경상남도

다양한 형태의 반찬으로 먹는 김은 풍부한 섬유소가 들어있어 변비를 예방해주고
혈당을 조절하며 면역력을 향상시켜 준다. 풍부한 칼슘과 칼륨은 골다공증과
혈압을 내리는데 효능이 있다.

들어가는 재료

4인분량
생김 300g, 새우살 100g(1/2컵), 간장 1큰술, 참기름 1작은술

1인분량
생김 75g, 새우살 25g, 간장 3g, 참기름 1g

만드는 방법

1 생김과 새우살은 깨끗이 씻어 물기를 뺀다.

2 달군 팬에 참기름을 두르고 생김, 새우살, 간장을 넣어 볶는다.

어채  서울

생선과 채소에 녹말을 묻혀 데친 다음 차게 해서 먹는 전통요리이다. 봄에 즐겨 먹었으며,
주안상에 어울리는 음식이다. 차게 먹는 음식이므로 흰살생선 가운데서도 회를 할 수 있는
것이면 된다. 민어 · 대구 · 도미 등이 좋다.

들어가는 재료

4인분량
민어(또는 광어) 2kg(1마리), 전분 200g(2 1/3컵), 붉은 고추 40g(2 1/2개),
대파(푸른 잎) 2뿌리, 석이버섯 3g(3개), 달걀 100g(2개), 잣 2작은술, 초장
(또는 겨자장) 3큰술, 소금 1/4작은술

1인분량
민어(또는 광어) 500g, 전분 50g, 붉은 고추 10g, 대파(푸른 잎) 8g, 석이버섯
1g, 달걀 25g, 잣 3g, 초장(또는 겨자장) 15g, 소금 0.2g

만드는 방법

1 민어는 비늘, 내장을 제거하고 얇게 두껍게 포를 뜬 후 길쭉길쭉하게 썰어
소금을 뿌려 놓는다.

2 붉은 고추와 대파는 1×5cm의 길이로 썰어 놓는다.

3 석이버섯은 뜨거운 물에 불려서 손질한 다음 손으로 알맞게 뜯어 놓는다.

4 달걀은 소금을 조금 넣고 흰자, 노른자가 잘 섞이도록 풀어 놓는다.

5 준비해 놓은 흰살 생선에 전분을 앞뒤로 골고루 묻힌 후 끓는 물에 생선을
살짝 데친다. 생선살이 물에 둥둥 뜰 때 건져 내어 냉수에 헹군다.

6 붉은 고추와 파도 전분에 묻혀 끓는 물에 데친 다음 찬물에 넣었다 건진다.

7 달걀은 지단을 부쳐서 1×5cm의 크기로 썬다.

8 접시에 생선을 동그랗게 담고 그 위에 붉은 고추, 석이버섯, 파, 달걀지단을
원형으로 얹은 다음 그 가운데 잣을 놓는다. 초장이나 겨자장을 곁들인다.

까알 정보

▶ 접시에 담을 때 접시뿐만 아니라 모든 재료를 차게 해야 맛이 있다.

죽순채 　🌿 서울

생 죽순을 쇠고기, 표고버섯, 미나리, 숙주 등과 함께 무쳐서 만드는 죽순채는 궁중에서
많이 먹었던 음식이다. 궁중음식들은 자극적이지 않고 영양상으로 균형이 맞는 건강식이다.
쇠고기 대신 꿩고기를, 설탕 대신 홍시를 써도 좋다.

들어가는 재료

4인분량
쌀뜨물 적량, 쇠고기(우둔) 120g, 미나리 50g, 숙주나물 100g, 죽순(생것) 600g(2개),
마른 고추 10g(2개), 건표고버섯 20g(7개), 붉은 고추 15g(1개), 달걀 50g(1개)
[고기 양념] 간장 1큰술, 설탕 1/2큰술, 다진 파 2작은술, 다진 마늘 1작은술,
　　　　　　 참기름 1작은술, 깨소금 1작은술, 후춧가루 약간
[죽순채 양념] 간장 2작은술, 소금 2작은술, 설탕 2작은술, 식초 1큰술, 깨소금 2작은술

1인분량
쌀뜨물 적량, 쇠고기(우둔) 30g, 미나리 13g, 숙주나물 25g, 죽순(생것) 150g,
마른 고추 3g, 건표고버섯 5g, 붉은 고추 15g, 달걀 13g
[고기 양념] 간장 1/4큰술, 설탕 1/2작은술, 다진 파 약간, 다진 마늘 1/4작은술,
　　　　　　 참기름 1/4작은술, 깨소금 1/4작은술, 후춧가루 약간
[죽순채 양념] 간장 약간, 소금 약간, 설탕 약간, 식초 1/4큰술, 깨소금 약간

만드는 방법

1 생죽순은 뾰족한 끝을 5cm 정도 어슷하게 자르고 길이로 밑둥에 칼집을 넣어
냄비에 쌀뜨물과 마른 고추를 함께 넣어 1시간 정도 삶아서 그대로 식힌다.

2 삶은 죽순을 껍질을 벗겨 반을 갈라서 빗살모양으로 납작하게 썬다.

3 쇠고기는 채(5×0.2×0.2cm) 썰고, 건표고버섯은 물에 불려 기둥을 떼어
내고 0.2cm 너비로 채 썰어 쇠고기와 합하여 고기 양념으로 무쳐서 팬에
기름을 두른 후 볶아서 식힌다.

4 미나리는 잎을 떼어 다듬어 4cm 길이로 자르고, 숙주는 머리와 꼬리를
다듬어서 끓는 물에 소금을 약간 넣어 데친다.

5 달걀은 황백으로 나누어 풀어 지단을 부쳐서 채 썰고(4×0.2×0.2cm) 볶은
죽순과 볶은 쇠고기와 표고버섯, 미나리, 숙주, 고추채를 한 데 모아서
죽순채 양념을 넣어 고루 섞어서 무친다.

6 그릇에 담고 황백지단을 올린다.

파나물

충청남도

파나물에 사용하는 쪽파는 항암과 항스트레스 효과가 있으며 면역기능을 강화시켜주는
식재료이다. 피를 맑게 하므로 각종 성인병 예방에 효과적이며 비타민과 칼슘, 칼륨, 철분이
풍부하게 들어 있어 몸살, 두통, 불면증 등에 효과가 있다.

들어가는 재료

4인분량
쪽파 400g, 김 4g(2장)
[양념] 국간장 1 1/2큰술, 설탕 2작은술, 참기름 1큰술, 깨소금 1큰술

1인분량
쪽파 100g, 김 1g
[양념] 국간장 7g, 설탕 3g, 참기름 3g, 깨소금 2g

만드는 방법

1 쪽파는 깨끗이 다듬어 끓는 물에 데친 후 4cm 길이로 썬다.

2 김은 살짝 구워 손으로 찢는다.

3 손질한 쪽파에 구운 김과 국간장, 설탕, 참기름, 깨소금을 넣어 조물조물 무친다.

깨알정보

▶ 서천군 비인면은 쪽파를 많이 재배하는 지역이다.

호박잎쌈

전라남도 | 제주도

호박잎은 섬유소가 풍부하다. 특히 말린 호박잎은 미백 효과 등의 효능이 있다.
호박잎에 들어 있는 베타카로틴은 피부를 보호하고 동시에 저항력을 강화한다.
또한 눈의 피로도 풀어준다.

들어가는 재료

4인분량
호박잎 220g, 풋고추 8g
[쌈장] 된장 90g, 고추장 20g, 물엿 8g, 다진 마늘 4g, 다시마 육수 8g, 통깨 4g

1인분량
호박잎 55g, 풋고추 2g
[쌈장] 된장 23g, 고추장 5g, 물엿 2g, 다진 마늘 1g, 다시마 육수 2g, 통깨 1g

만드는 방법

1 어린 호박잎을 씻은 후 밥물이 끓을 때 밥 위에 올려 찌거나, 물을 약간
부은 냄비에서 찐다.

2 풋고추를 다져서 된장, 고추장, 물엿, 다진 마늘, 통깨, 다시마 육수를 넣고
섞어서 쌈장을 만든 다음, 삶은 호박잎과 함께 먹는다.

홍합초

(서울) (경기도)

홍합과 쇠고기를 양념하여 약한 불에서 조려 녹말물을 타서 걸쭉하게 하고 참기름으로
윤기를 낸 음식이다. 홍합에 들어있는 베타인은 숙취를 예방하는데 효과가 있고, 손상된
간을 보호해준다. 그리고 비타민C, E 등이 풍부해 피로회복과 노화방지에 도움을 준다.

들어가는 재료

4인분량

홍합살 300g, 쇠고기(우둔살) 50g, 꿀 1/2큰술, 참기름 1/2큰술, 전분 1큰술, 물
1큰술, 다진 잣 1/2큰술, 대파(흰부분) 10g(1/4뿌리), 마늘 20g(5쪽), 생강 10g(2쪽)
[쇠고기 양념] 간장 1작은술, 다진 파 1작은술, 설탕 1/2작은술, 다진 마늘
　　　　　　　 1/2작은술, 참기름 1작은술, 후춧가루 약간
[조림장] 간장 2큰술, 배즙 5큰술, 물엿 1큰술, 후춧가루 약간

1인분량

홍합살 75g, 쇠고기(우둔살) 13g, 꿀 1/2작은술, 참기름 1/2작은술, 전분 1/4큰술,
물 1/4큰술, 다진 잣 1/2작은술, 대파(흰부분) 3g, 마늘 5g, 생강 3g
[쇠고기 양념] 간장 1/4작은술, 다진 파 1/4작은술, 설탕 약간, 다진 마늘 약간,
　　　　　　　 참기름 1/4작은술, 후춧가루 약간
[조림장] 간장 1/2큰술, 배즙 2/3큰술, 물엿 1/4큰술, 후춧가루 약간

만드는 방법

1 홍합은 살만 발라 끓는 소금물에 살짝 데쳐 물기를 뺀다.

2 쇠고기는 길이로 채썰어 분량의 양념으로 무친 후 볶아 식힌다.

3 대파의 흰 부분과 생강은 2cm의 길이로 곱게 채썰고, 마늘은 0.2cm
　 두께로 편으로 썬다. 팬을 달궈 살짝 두른 후 파채, 마늘편, 생강채를
　 볶다가 조림장을 넣어 반 정도 조린다.

4 조림장에 홍합살을 넣어 조리다가 쇠고기를 넣어 자작하게 조린 후 전분을
　 물에 개어 붓고 골고루 섞는다. 꿀과 참기름으로 마무리하고 잣을 얹어 낸다.

깨알정보

▶ 생홍합을 사용하면 마른 홍합을 불려서 조리는 것보다 부드럽고 부스러지지 않아서 모양도
　 좋고 맛도 좋다. 홍합은 조리면 훨씬 크기가 작아지므로 처음부터 너무 작게 썰면 좋지 않다.

가지전

경기도 전라남도

보라색 채소로 주목받고 있는 가지는 풍부한 칼륨이 붓기를 억제하고 인슐린 분비를 도와줘
당뇨병 환자에게 좋다. 가지의 색깔에는 안토시아닌이란 색소가 들어 있는데 암 예방은
물론이고 동맥경화, 노안, 시력저하 등에 효과가 있다.

들어가는 재료

4인분량
가지 120g(1개), 달걀 50g(1개), 밀가루 25g(3큰술), 소금 1/2작은술, 식용유
3큰술

1인분량
가지 30g, 달걀 13g, 밀가루 6g, 소금 1g, 식용유 10g

만드는 방법

1 가지는 껍질을 벗겨 1cm 두께로 어슷하게 썰어 찬물에 담가 두었다가
물기를 뺀다.

2 가지에 소금을 살짝 뿌려 간을 하고 밀가루를 묻혀 달걀물에 담갔다가 팬에
노릇하게 지진다.

더덕삼병 전라남도

더덕은 한방에서 사삼이라고 하는데 그 효능이 인삼과 비슷하여 붙여진 이름이다.
더덕은 뿌리에 사포닌이 많이 함유되어 있는데 이 사포닌은 인삼에 함유된 주요성분이다.
더덕과 잘 어울리는 음식으로 술과 고추장을 꼽는다.

들어가는 재료

4인분량
더덕 230g(소 10뿌리), 찹쌀가루 50g, 참깨 30g, 검은깨 30g, 식용유 30g

1인분량
더덕 58g, 찹쌀가루 13g, 참깨 8g, 검은깨 8g, 식용유 16g

만드는 방법

1 더덕은 깨끗이 씻어 껍질을 벗긴다.

2 참깨와 검은깨는 달군 팬에 볶아 절구에 넣고 빻는다.

3 더덕에 찹쌀가루를 묻혀 식용유에 지지거나 튀긴다.

4 **3**에 빻은 참깨와 검은깨를 묻힌다.

두릅적

전국

'봄 두릅은 금, 가을 두릅은 은'이라고 할 정도로 봄나물 중 가장 맛이 좋다 하여
목두채(木頭菜)라고도 하였다. 또한, 단백질과 비타민C가 풍부하고 신선한 향과 더불어
약간의 단맛이 나기 때문에 삶아서 그냥 초고추장에 찍어 먹어도 맛있다.

들어가는 재료

4인분량

두릅 100g(8개), 쇠고기(사태) 100g, 밀가루 40g(1/4컵), 달걀 25g(1/2개),
식용유 12g(1큰술)
[두릅 양념] 간장 5g(1작은술), 다진 파 2g(2/3작은술), 다진 마늘 3g(1/2작은술),
참기름 1g(1/4작은술), 깨소금 1g(1/3작은술), 후춧가루 약간
[쇠고기 양념] 간장 5g(1작은술), 다진 파 4g(1/2큰술), 다진 마늘 3g(1/2작은술),
설탕 3g(1작은술), 참기름 3g(1작은술), 깨소금 1g(1/3작은술),
후춧가루 약간
[초간장] 간장 34g(2큰술), 식초 14g(1큰술), 물 15mL(1큰술), 잣가루 2g(1작은술)

1인분량

두릅 25g, 쇠고기(사태) 25g, 밀가루 10g, 달걀 6g, 식용유 9g
[두릅 양념] 간장 2g, 다진 파 0.5g, 다진 마늘 1g, 참기름 0.3g, 깨소금 0.3g,
후춧가루 약간
[쇠고기 양념] 간장 2g, 다진 파 1g, 다진 마늘 1g, 설탕 1g, 참기름 1g, 깨소금
0.3g, 후춧가루 약간
[초간장] 간장 9g, 식초 4g, 물 4mL, 잣가루 1g

만드는 방법

1. 두릅은 말끔히 다듬고, 끓는 소금물에 밑동부터 넣어 파랗게 데친 다음 물에 잠시 담가
쓴맛을 우려낸 후 겉껍질을 손질하여 큰 것은 4쪽으로, 작은 것은 2쪽으로 갈라 놓는다.

2. 분량의 양념을 섞어 두릅 양념을 만들어 두릅에 넣고 무친다.

3. 연하고 기름기 없는 쇠고기를 두께 0.8cm 정도로 도톰하게 저며서, 안팎으로
칼집을 내고, 너비 1.5cm, 길이 7~8cm 정도로 썰어 갖은 양념을 해서 무친다.

4. 꼬치에 쇠고기와 두릅 1개씩을 번갈아 4개 정도씩 꿴다.

5. 4에 밀가루를 묻히고 달걀을 씌워 팬에 식용유를 넉넉히 두르고 노릇노릇하게
지진다. 꼬치를 빼고 길이를 깨끗이 정돈하여 접시에 담고, 초간장을 함께 낸다.

버섯전

전국

재료를 자유롭게 선택하여 밀가루 또는 달걀을 풀어 옷을 입힌 다음 번철에 기름을 둘러 지져내는데 이런 것들을 통틀어 전이라 부른다. 표고버섯, 느타리버섯, 석이버섯 등 다양한 버섯을 넣고 다져 만든 모둠버섯전은 버섯의 풍미를 즐길 수 있는 영양만점 간식이다.

들어가는 재료

4인분량
건표고버섯 20g(7개), 건느타리버섯 10g, 석이버섯 5g(5개), 밀가루 16g(2큰술),
달걀 50g(1개), 식용유 12g(1큰술)
[양념장] 간장 17g(1큰술), 다진 파 6g(2작은술), 다진 마늘 6g(1작은술), 설탕
4g(1작은술), 후춧가루 약간, 참기름 4g(1작은술), 깨소금 3g(1작은술)

1인분량
건표고버섯 5g, 건느타리버섯 3g, 석이버섯 1g, 밀가루 4g, 달걀 13g, 식용유 3g
[양념장] 간장 4g, 다진 파 2g, 다진 마늘 2g, 설탕 1g, 후춧가루 약간, 참기름
1g, 깨소금 1g

만드는 방법

1 표고버섯과 느타리버섯, 석이버섯은 물에 불린 다음 곱게 채 썰어 분량의
재료로 양념하여 무친다.

2 **1**의 양념한 버섯을 밀가루에 버무려 달걀을 넣고 잘 섞는다.

3 팬에 식용유를 넉넉히 두르고 한 숟가락씩 떠 놓아 부친다.

깨알정보

▶ 표고버섯에는 레티난이라는 항암물질을 함유하고 있어 암의 증식을 억제하고
면역력을 강하게 하는 작용을 하며 혈액순환을 촉진시킨다. 또한 풍부한 식이
섬유소는 변비를 예방한다.

▶ 건표고버섯은 물에 불리면 중량은 10배, 부피는 4배 정도가 늘어나게 된다. 이
특성을 이용해서 재료를 준비하면 낭비를 줄일 수 있다.

비지전 경상북도

두부나 두유를 만들고 남은 콩비지는 식이섬유가 다량 함유되어 식후 혈당치의 급격한
상승을 막아 당뇨 관리에 좋다. 몸에 이로운 것은 잘 흡수하게 하고 해로운 것은 배출시키는
작용을 해서 건강을 유지하는데 큰 도움이 된다.

들어가는 재료

4인분량
비지 1컵, 찹쌀가루 150g(1 1/2컵), 석이버섯 1g, 잣 5g, 물 200mL(1컵), 소금
1작은술, 식용유 2큰술

1인분량
비지 25g, 찹쌀가루 38g, 석이버섯 0.3g, 잣 1g, 물 50mL, 소금 1g, 식용유 7g

만드는 방법

1. 콩비지와 찹쌀가루에 소금과 물을 넣어 되직하게 반죽을 하여 3~4cm
   크기로 완자를 만든다.
2. 석이버섯은 깨끗이 씻어 물기를 빼고 곱게 다진다.
3. 가열된 팬에 식용유를 두르고 완자를 노릇하게 지진다.
4. 다진 석이버섯과 잣은 고명으로 올린다.

송이버섯산적 충청북도

송이버섯은 『규곤시의 방』에서 오늘날과 같은 저장법과 조리법을 소개하고 있다. 비타민D와
향이 풍부하고 고단백, 저칼로리 식품으로 콜레스테롤을 줄여 성인병에 효과가 있다.
쇠고기의 기름으로 산성화된 혈액은 송이버섯의 풍부한 식이섬유로 인해 혈중 콜레스테롤이
낮아져 송이버섯과 쇠고기는 잘 어울리는 식품이다.

들어가는 재료

4인분량
송이버섯 200g, 쇠고기 200g, 대파 70g(2뿌리), 밀가루 50g(1/2컵), 달걀
150g(3개), 참기름 1큰술, 소금 1작은술, 식용유 6큰술
[쇠고기 양념] 간장 2큰술, 설탕 1/2큰술, 다진 파 2작은술, 다진 마늘 1작은술,
후춧가루 1/4작은술, 깨소금 1/2작은술

1인분량
송이버섯 50g, 쇠고기 50g, 대파 18g, 밀가루 13g, 달걀 38g, 참기름 3g,
소금 1g, 식용유 20g
[쇠고기 양념] 간장 7g, 설탕 2g, 다진 파 2g, 다진 마늘 1g, 후춧가루 0.2g,
깨소금 0.3g

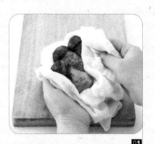

만드는 방법

1 송이버섯은 밑동을 자르고 깨끗이 씻어 물기를 제거한 후 세로로 얇게
썬(0.2cm 두께) 다음 소금과 참기름을 약간 넣고 버무려 간이 배게 한다.

2 쇠고기를 두께 0.5cm, 길이는 송이버섯 길이보다 약간 길게 썬 다음 잔
칼집을 넣어 연하게 손질하여 양념을 한다.

3 대파를 송이버섯과 같은 길이로 썰어 참기름을 묻힌다.

4 꼬지에 송이버섯과 쇠고기, 대파를 번갈아 끼운 다음 한쪽 면에 밀가루를
묻히고 달걀물에 적신다.

5 달군 팬에 식용유를 두르고 **4**의 꼬치를 넣어 앞뒤로 지져 낸다.

깨알정보

▶ 『옹희잡지』에는 산적을 '살찐 우육을 2~3촌(寸) 길이로 잘라서 유장에 담갔다가
참깨를 뿌리고 꼬치에 꿰어 양쪽을 고르게 자르고 숯불 위에 굽는다'라고 설명하고
있다. 송이버섯은 꼬치에 꿰어 구우면 그 향이 독특하고 쫄깃하다.

파산적

경상북도 서울

꼬챙이에 파와 쇠고기를 한 개씩 꿰어 구워먹는 전라도 향토음식이다. 파는 몸을 따뜻하게
하고 폐 기능을 활성화하며 항균작용을 한다. 또한 위액 분비를 촉진 시키고 소화기능을
강화시켜 쇠고기와 잘 어울리는 한 쌍이다.

들어가는 재료

4인분량
실파 100g, 쇠고기 200g, 밀가루 25g(3큰술), 식용유 1큰술, 소금 1작은술,
설탕 약간
[쇠고기 양념] 간장 1작은술, 밀가루 약간, 다진 마늘 1/2작은술, 설탕 약간,
물 70mL(1/3컵)

1인분량
실파 25g, 쇠고기 50g, 밀가루 6g, 식용유 1/4큰술, 소금 1/4작은술, 설탕 약간
[쇠고기 양념] 간장 1/4작은술, 밀가루 약간, 다진 마늘 약간, 설탕 약간, 물 18mL

만드는 방법

1. 실파는 소금에 약간 절인 후 씻어 물기를 빼고 6cm 길이로 접고 끝을 돌돌
만다.

2. 쇠고기는 결대로 직사각형으로 썰어(7×1×1cm) 칼등으로 두들겨 소금
간을 한다.

3. 꼬치에 실파와 쇠고기를 번갈아 끼운 후 실파로 마무리 한다.

4. 앞뒤로 밀가루를 묻힌 후 양념장을 골고루 묻힌다.

5. 가열된 팬에 식용유를 두르고 지진다.

해물전 제주도

해물전의 재료인 오징어, 문어, 소라살 등엔 타우린이 풍부하게 들어있다. 타우린은
시력회복을 돕고 인슐린 분비를 촉진해 당뇨병을 예방할 뿐만 아니라 혈중콜레스테롤 및
중성지질을 감소시키는 효과가 있다.

들어가는 재료

4인분량

오징어 90g, 문어(다리) 69g, 소라살 50g, 성게알 50g, 당근 40g, 쪽파 36g,
달걀 1개, 메밀가루 60g, 밀가루 100g, 소금 5g, 물 200mL(1컵), 식용유 42g,
참기름 1큰술

1인분량

오징어 23g, 문어(다리) 17g, 소라살 13g, 성게알 13g, 당근 10g, 쪽파 9g, 달걀
13g, 메밀가루 15g, 밀가루 25g, 소금 1g, 물 50mL, 식용유 16g, 참기름 3g

만드는 방법

1 오징어, 문어, 소라살, 당근, 쪽파를 잘게 썬 후 참기름, 소금을 넣어 볶는다.

2 메밀가루, 밀가루에 달걀을 풀어 놓고 물을 조금씩 부어 반죽한 다음 **1**과
성게알을 넣고 섞는다.

3 팬에 식용유를 두르고 한 국자씩 떠 넣어 노릇노릇하게 지져 낸다.

고등어구이 제주도

고등어에는 심장 질환을 막아주는 오메가-3 지방산이 풍부하다. 고등어를 주 2회 이상
섭취하면 피가 맑아져 혈액 순환에 좋으며 심장병 예방에 도움이 된다. 또한 치매를
예방하는 DHA 등의 고도불포화지방산이 많이 들어 있다.

들어가는 재료

4인분량
고등어 400g(1마리), 식초 1/2작은술, 소금 1/2작은술

1인분량
고등어 100g, 식초 1g, 소금 0.4g

만드는 방법

1 고등어는 싱싱한 것으로 골라 내장과 아가미를 빼고 어슷하게 칼집을 깊이
넣는다.

2 소금을 뿌려 둔다.

3 달라 붙지 않게 석쇠에 식초를 살짝 발라 중불에서 앞뒤로 서서히 구워
낸다.

깨알정보

▶ 간장, 참기름, 풋고추, 다진파, 다진 마늘, 생강즙 등을 섞어 만든 양념장을 발라서
굽기도 하고 소금을 뿌려 굽기도 한다.

도미구이 （ 서울 ）

도미는 영양적으로 단백질이 약 20%, 지방이 1.4% 정도로 비만을 예방해야 할 중년기
이후의 사람에게 아주 좋다. 도미는 맛이 담백하고 기름기가 적으며 소화가 잘 되어 병후
회복기의 식이요법에도 쓰이고 있다.

들어가는 재료

4인분량
도미 1kg(1마리), 소금 1큰술
[양념] 소금 1큰술, 참기름 1작은술

1인분량
도미 250g, 소금 2g
[양념] 참기름 1g

만드는 방법

1 생선의 비늘을 긁고 밑으로 배 쪽에 칼을 넣어서 내장을 빼고 안과 겉에
물을 부어서 깨끗이 씻고 물을 뺀다.

2 생선에 사선으로 칼집을 넣고 분량의 소금을 고루 뿌려서 20분 정도 둔다.

3 석쇠를 데워 도미 양쪽으로 참기름을 발라서 굽고 한 쪽이 거의 구워지면
뒤집는다. 뒤집으면 그 면에 또 참기름을 바른다. 익기 전에 자주 뒤집으면
껍질이 상한다.

깨알정보

▶ 도미라는 이름이 붙는 어류는 200여종이나 되는데, 그 중 참돔이 대표적인
어종이다. 주로 한국, 대만, 중국 등지에 분포하며 카로티노이드(carotinoid)의
일종인 아스타잔틴(astaxantin) 색소에 의해 붉은색을 띤다. 예부터 민물고기의
대표가 잉어라면 바다고기의 대표는 도미를 말하는 것으로 맛도 있지만 재수가
좋고 축하하는 의미의 연회에 사용하였다. 지방이 3.4%로 적고 냄새가 없어 맛이
담백하며 이노신산을 함유하여 농후한 맛이 난다. 10～1월이 제철이며 머리 부분이
맛이 있고 회, 찜, 구이, 탕, 전으로 쓰인다.

▶ 숯불에 불을 붙인 후 막 피기 시작한 불꽃은 닿는 부위만 군데군데 타기 쉬우므로
활짝 피었다가 불꽃이 가라앉은 고른 불이 구이에 적당하다.

장어구이

전라남도 제주도

여름철 보양식으로 많이 먹는 장어에는 비타민A와 비타민B, 비타민C가 풍부하여
피부미용과 피로회복, 노화방지, 정력증강에 좋은 식품이다. 특히 EPA와 DHA와 같은
불포화지방산은 콜레스테롤 저하 효과가 있다.

들어가는 재료

4인분량

장어 2마리, 물 600mL
[양념장] 고추장 4큰술, 물엿 1 1/2큰술, 정종 1큰술, 다진 마늘 1큰술,
다진 생강 1큰술, 참기름 1작은술, 국간장 2작은술

1인분량

장어 120g, 물 150mL
[양념장] 고추장 19g, 물엿 8g, 정종 4g, 다진 마늘 4g, 다진 생강 3g, 참기름
1g, 국간장 4g

만드는 방법

1 장어는 머리와 등뼈를 발라 내고 깨끗이 씻어 물기를 뺀다.

2 장어머리와 뼈는 깨끗이 씻어 냄비에 참기름을 두르고 볶다가 물을 부어
끓여 육수를 만든다.

3 냄비에 육수(1/2컵)를 붓고 고추장, 다진 생강, 다진 마늘, 정종, 참기름,
물엿을 넣어 끓인 후 국간장으로 간을 하여 양념장을 만든다.

4 장어를 팬에서 초벌구이를 한 후 양념장을 발라 다시 굽는다.

깨알정보

▶ 장어구이는 뱀장어, 붕장어 또는 민물장어, 바다장어를 포함한다. 그 중 바다장어는
부산(기장), 남해의 향토음식이다. 장어를 초벌구이하는 대신에 장어를 살짝 찐 후
양념을 발라 굽기도 한다.

후식류

잣구리 | 강화인삼식혜 | 호박식혜 | 미숫가루 |

잣구리 경상북도

잣구리는 밤소를 넣고 누에고치 모양으로 빚은 떡에 잣가루를 묻힌 매우 고급스러운 떡으로
쫄깃하면서도 입안에서 녹는 부드럽고도 고소한 맛이 일품이다. 고물로 잣가루 대신 껍질을
벗겨 볶은 실깨고물을 묻힌 것을 '깨구리' 라고 한다.

들어가는 재료

4인분량
찹쌀 400g(2컵), 잣가루 90g(1컵), 소금 2작은술, 물 300mL(1.5컵)
[밤소] 밤(깐 것) 300g(2컵), 꿀 3큰술

1인분량
찹쌀 250g, 잣가루 23g, 소금 2g, 물 200mL
[밤소] 밤(깐 것) 75g, 꿀 15g

만드는 방법

1 찹쌀을 씻어 물에 충분히 불린 후 건져 물기를 빼고 소금을 넣어 빻는다.

2 밤은 푹 삶아 으깬 후 꿀에 개어 소를 만든다.

3 **1**의 찹쌀가루는 익반죽한 다음 조금씩 떼어 밤소를 넣고 누에고치
모양으로 빚는다.

4 끓는 물에 **3**을 삶아 건져 잣가루를 묻힌다.

강화인삼식혜 경기도

인삼은 옛날부터 불로장수의 이름난 생약으로 '만병통치약' 이라고도 불린다. 사포닌
배당체, 정유, 비타민A, B, C 등을 함유하고 있으며 오래 자란 인삼일수록 그 효과가 크다.
빠른 피로회복, 혈압조절, 조혈기능 등이 있다.

들어가는 재료

4인분량
수삼 150g, 찹쌀 335g(2컵), 엿기름 460g(4컵), 설탕 1컵, 물 5L, 잣 1큰술

1인분량
수삼 38g, 찹쌀 168g, 엿기름 115g, 설탕 54g, 물 125mL, 잣 2g

만드는 방법

1 수삼을 푹 달여 놓는다.

2 엿기름은 따뜻한 물에 불려서 체에 걸러 놓은 다음 가라 앉힌다. 찹쌀로
밥을 고슬고슬하게 지어 놓는다.

3 엿기름물은 따뜻하게 데워 보온밥통에 넣고 2의 찰밥을 넣어 3~4시간 둔다.

4 밥알이 3~4알 떠오르면 밥알을 조리로 모두 건져 찬물에 헹구어 놓는다.

5 식혜국물과 수삼 달인 물을 섞어 설탕을 넣어 끓인 다음 식힌다.

6 그릇에 5의 식혜국물을 담고 4의 밥알을 넣은 다음 잣을 띄운다.

개알정보

▶ 수삼을 오랫동안 푹 달여 수삼 달인 물과 엿기름 물을 2:3비율로 섞는다. 식혜의
인삼향을 더 강하게 하기 위해서는 5의 과정에서 끓일 때 수삼을 3~4뿌리 씻어
넣어 같이 끓여주면 인삼향이 풍부한 식혜를 만들 수 있다.

▶ 건삼을 달이면 향과 맛이 수삼보다 깊은 맛이 난다.

▶ 식혜는 중국 주(周)시대의 『예기』에 나오는 상류계급에서 청량음료의 하나인 감주(甘酒)의 윗물에서
그 기원을 찾을 수 있다. 우리나라 문헌에서는 『수문사설』에 처음 나타나고 있다. 1800년대 말엽
『시의전서』에 엿기름 거르는 법과 함께 '밑 엿기름도 좋다.'고 하였고, 1913년 『조선요리제법』에는 '보리
싹은 제 몸의 길이만큼만 자라면 적당하다.'고 하였다. 엿기름가루 속에 당화효소인 아밀라아제가 많이
있어서 당화작용이 일어나고, 생성된 말토오스는 식혜의 독특한 맛에 기여한다. 강화도 특산물로 유명한
인삼은 전한시대부터 약효를 인정받아 왔으며, 강화도에서는 이를 이용하여 식혜를 만들어 먹었다.

호박식혜

경기도 · 제주도 · 충청북도

천식에 좋기로 유명한 호박식혜는 경기도에서 식사 후에 즐겨 먹었다고 한다. 이는
호박식혜가 소화 작용이 좋아 혈액 순환에 도움을 주기 때문이다. 식혜의 기원을 보면
상류층이 즐겼던 감주의 윗물로 우리나라 고문헌에는 「수문사설」에 처음 나타나고 있다.

들어가는 재료

4인분량
늙은 호박 90g, 단호박 50g, 찹쌀 80g, 엿기름가루 90g, 설탕 70g, 물 600g,
잣 8g

1인분량
늙은 호박 23g, 단호박 13g, 찹쌀 20g, 엿기름가루 23g, 설탕 18g, 물 150g, 잣 2g

만드는 방법

1 엿기름 가루는 찬물에 하루 정도 충분히 우려낸 후 밭쳐 앙금을 가라 앉힌
다음 맑은 윗물만 따라 낸다.

2 찹쌀을 씻어 충분히 불려 고두밥을 찐다.

3 단호박, 늙은 호박을 삶은 후 곱게 으깬다.

4 늙은 호박, 단호박, 뜨거운 찹밥을 엿기름물에 섞어 50~60℃에서 5시간쯤
삭힌다.

5 밥알이 삭아서 떠오르면 설탕을 넣어 한 번 끓인다.

6 **5**를 식혀서 먹기 직전에 잣을 띄운다.

미숫가루

전라남도 경상남도

쌀, 보리 등의 곡식을 기본으로 다양한 재료를 넣어 가루로 만든 것이다. 원료를 찔 때 술을
조금 치면 향미가 더욱 좋아진다. 가정에서 쉽게 만들 수 있기 때문에 옛날부터 여름철의
가정용 음료나 비상식량으로서 사용됐다.

들어가는 재료

4인분량

찹쌀(멥쌀) 170g(1컵), 보리쌀 150g(1컵), 콩(흰콩) 160g(1컵), 들깨 110g(1컵),
참깨 120g(1컵), 율무 1컵, 설탕 120g

1인분량

찹쌀(멥쌀) 43g, 보리쌀 38g, 콩(흰콩) 40g, 들깨 28g, 참깨 30g, 율무 41g,
설탕 25g

만드는 방법

1 보리쌀과 찹쌀은 각각 씻어 불린 후 푹 쪄서 말려 볶는다.

2 콩은 깨끗이 씻어 말린 후 볶아서 키 바닥에 놓고 문질러 껍질을 제거한다.

3 들깨는 깨끗이 씻어 말린 후 문질러서 껍질을 날린 후 볶고, 참깨는 깨끗이
씻어 볶는다.

4 율무도 씻은 후 푹 쪄서 말려 볶는다.

5 준비된 재료를 곱게 갈아 따로 담아 둔다.

6 기호에 따라 가루를 배합하여 설탕물이나 꿀물에 타서 시원하게 마신다.

깨알정보

▶ 찹쌀 이외에 보리쌀, 율무, 콩, 흑임자 등도 씻어 일어 각각 볶아 따로따로 두고
기호에 맞게 섞어서 먹는다.

▶ 검은깨를 이용하기도 한다. 들깨, 통깨, 검은깨에 함유된 지방이 변질되기 쉬우므로
냉장고에 보관해야 한다.

어르신에게 좋은 음식

1판 1쇄 인쇄　2022년 10월 10일
1판 1쇄 발행　2022년 10월 15일
저　　　자　농촌진흥청 가공이용과
발 행 인　이범만
발 행 처　**21세기사** (제406-2004-00015호)
　　　　　경기도 파주시 산남로 72-16 (10882)
　　　　　Tel. 031-942-7861　　Fax. 031-942-7864
　　　　　E-mail : 21cbook@naver.com
　　　　　Home-page : www.21cbook.co.kr
　　　　　ISBN 979-11-6833-059-7

정가 19,000원